Silvia Schein

Nachhaltigkeit - von der Genese des Begriffs zur Nachhaltigkeit als systemischer Ansatz

GRIN Verlag

Bibliografische Information der Deutschen Nationalbibliothek:

Die Deutsche Bibliothek verzeichnet diese Publikation in der Deutschen National-
bibliografie; detaillierte bibliografische Daten sind im Internet über http://dnb.d-
nb.de/ abrufbar.

Impressum:

Copyright © 2003 GRIN Verlag GmbH
Druck und Bindung: Books on Demand GmbH, Norderstedt Germany
ISBN: 978-3-640-17202-3

Dieses Buch bei GRIN:

http://www.grin.com/de/e-book/114932/nachhaltigkeit-von-der-genese-des-begriffs-
zur-nachhaltigkeit-als-systemischer

Silvia SCHEIN

Nachhaltigkeit – von der Genese des Begriffs zur Nachhaltigkeit als systemischer Ansatz

Seminararbeit
(WS 2002/2003)

Zusammenfassung

Den Einstieg in meine Arbeit bildet die Frage nach der Zielsetzung, die mit der Antwort eines umfassenderen Einblicks in das Thema Nachhaltigkeit beantwortet werden soll.

In der Einleitung sind weiters die Vorgehensweise und die Aktualität und Notwendigkeit der Definition des Begriffs enthalten. Dies ist notwendig um den bereits inflationär gebrauchten Begriff Nachhaltigkeit nicht nur als Modewort zu sehen.

Das folgende Kapitel „Definition und Entstehungsgeschichte des Begriffs" versucht nun die These zu widerlegen, dass es sich bei dem Begriff lediglich um eine Worthülse handelt. Angefangen bei den Ursprüngen in der Forstwirtschaft bis hin zum World Summit for Sustainable Development im Jahr 2002 wird versucht den Begriff näher zu definieren.

Die vielfältigen Facetten des Begriffs bilden den dritten Teil der Arbeit, der die einzelnen Dimensionen der Nachhaltigkeit erläutern soll, wobei konkretes Hauptaugenmerk auf die drei Hauptpfeiler Ökologie – Ökonomie – Soziales fällt. Weitere Berücksichtigung erhält die institutionelle als auch die kulturelle Dimension, da einige Autoren für die Einführung dieser plädieren.

Das vierte Kapitel beschäftigt sich mit dem systemischen Ansatz, der einerseits durch die Frage der Eindimensionalität versus Mehrdimensionalität geklärt wird, andererseits durch die Klärung der Wechselbeziehungen zwischen den einzelnen Dimensionen anhand eines Beispieles aus der Agrarwirtschaft. Hierbei wird festgestellt, dass eine nachhaltige Entwicklung nur dann möglich ist ,wenn man integrativ über die Grenzen einzelner Nachhaltigkeitsdimensionen hinausblickt und ihre Wechselwirkung berücksichtigt.

Den Schluss bildet ein Gesamtüberblick der Thematik, die das Konzept der Nachhaltigkeit als ein komplexes darstellt, dessen Postulat nach Gesamtvernetzung zu einer ethischen Maxime gemacht werden muss.

Summary

My work starts with the question regarding the objectiv target, which will be answer with a comprehensive insight in the topic "sustainable development".

The way of handling and the actuality and necessity of the definition of sustainability are also included in the introduction. That's necessary because the idea of sustainability is often linked with an incorrect use.

The following chapter "definition and history of the origins of sustainability" tries to refute the idea that sustainability is just trendy. The definition will be in closer inspection from the roots date back in the forestry up to now .

The chapter "different facets of sustainability" shows the single dimensions of sustainability. The concrete attention is turned to the three-dimensionality of ecology, economy and sociality, but also the institutional and the cultural dimensions will be reflected, because some of authors plead for the introduction of those last dimensions.

The fourth chapter concerns the systemic way of sustainability, which deals with the connections between the dimensions. There are various and complex links which show us that sustainable development only can be reached when the dimensions are seen as a complex system.

A short essay regarding the topic sustainability will form the end and will show us that a exact definition doesn´t exist. We can only say that there is a demand for a complex way of thinking which can be described as the key of reaching sustainable development.

Inhaltsverzeichnis

Abbildungsverzeichnis

1. Einleitung

1.1. Zielsetzung

Die Frage nach Kriterien, Konzepten und Strategien zur Umsetzung einer dauerhaft erhaltbaren Entwicklung der Menschheit nahm in den letzen Jahren immer mehr an Bedeutung zu. Im Mittelpunkt steht hierbei der Begriff des „Sustainable Development", was als „nachhaltige Entwicklung" ins Deutsche übertragen wurde. Der Begriff der Nachhaltigkeit bzw. der nachhaltigen Entwicklung ist von umfangreicher Komplexität, weshalb eine genaue Festlegung dieses Begriffes schwer möglich ist. So soll die Genese, die Dimensionen und der systemische Ansatz des Begriffes Thema dieser Seminararbeit sein, um einen konkreteren Einblick dieses umfassenden Begriffes zu erhalten.

1.2. Vorgehensweise

Während im Teil Definition und Entstehungsgeschichte die Entwicklung des Begriffs Nachhaltigkeit angefangen bei der Begriffserklärung, über die Ursprünge in der Forstwirtschaft bis hin zum World Summit for Sustainable Development 2002 in Johannesburg vermittelt wird, konzentriert sich das Kapitel „vielfältige Facetten des Begriffs" auf die unterschiedlichen Typen von Nachhaltigkeit. Im vierten Kapitel wird die Frage der Ein- und Mehrdimensionalität erläutert, sowie die gegenseitige Wechselwirkung der einzelnen Dimensionen. Das letzte Kapitel umfasst einen kurzen Gesamtüberblick hinsichtlich des Begriffs Nachhaltigkeit.

1.3. Aktualität und Notwendigkeit der Definition des Begriffes

Durch die vielfältige Verwendung der Begriffs Nachhaltigkeit besteht mittlerweile die Gefahr, dass Nachhaltigkeit zu einem Modebegriff mutiert. Ob in Parlamentsreden, politischen Aufsätzen, Strategiepapieren oder in den Medien, der Begriff Nachhaltigkeit scheint en vogue zu sein. Nachhaltigkeit kommt in den denkwürdigsten Zusammenhängen vor und ersetzt zahlreiche Synonyme, es verwischt somit die Nuancen. Im Alltagsgebrauch der Menschen kommt der Begriff jedoch so gut wie gar nicht vor. Grund dafür ist, dass die Bevölkerung mit Themen wie Ressourcenknappheit, Zerstörung der Regenwälder, Versteppung oder Artenschwund nicht direkt konfrontiert ist. Unmittelbare Betroffenheit würde einen Handlungsdruck nach sich ziehen und eine Veränderung des Bewusstseins in Bezug auf den Begriff Nachhaltigkeit bewirken.

Aber auch diejenigen, die den Begriff so vielfältig verwenden, können ihn in den seltensten Fällen wirklich definieren. Und dies ist wie uns das nächste Kapitel anhand von verschiedenen Konferenzen zeigt, nicht einfach.

2. Definition und Entstehungsgeschichte des Begriffs

2.1. Begriffserklärung

Greift man auf das Lateinische zurück so bedeutet das Verb **sustinere** so viel wie aufrechthalten, stützen (STOWASSER et al 1994). Auch im Englischen hat das Verb **sustain** die Bedeutung von stützen, tragen, aushalten, erhalten. Das Verb wird in physikalischen, moralischen, biologischen, gesundheitlichen, also in vielfältigen Zusammenhängen verwendet (LANGENSCHEIDTS Schulwörterbuch 1996). Das Verb to sustain wird laut WEBSTER (1986) das erste Mal im Jahr 1290 im folgendem Zusammenhang gebraucht: *„Two chiefs .... each able to sustain a nations fate"* *(Zwei Könige .... jeder fähig, das Schicksal der Nation aufrechtzuerhalten)* (Webster, nach NINCK 1997).

Die älteste Verwendung des Begriffes im deutschen Sprachraum geht auf das Jahr 1713 zurück, wo in dem Schriftstück „Sylvicultura Oeconomica" von Carl von Carlowitz eine *„continuierliche, beständige und nachhaltige Nutzung des Waldes"* verlangt wird.
(Zürcher, nach NINCK 1997)

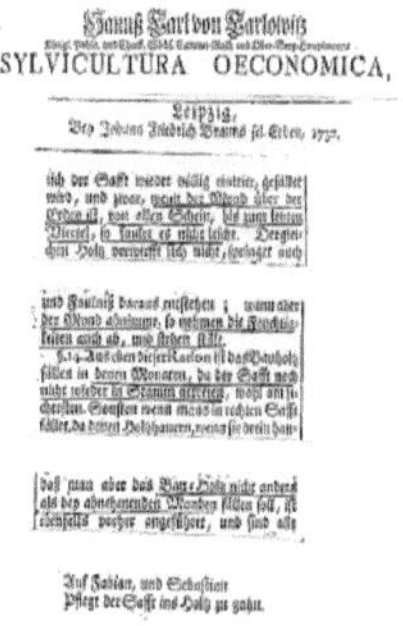

Abbildung 1: Auszug aus dem Schriftstück Sylvicultura Oeconomica. (Quelle: Forstdirektion des Wittelsbacher Ausgleichsfonds, Jänner 2003)

Im 19. Jhdt. wird das Wort Nachhaltigkeit schließlich in CAMPES Wörterbuch (1809) als neu vermerkt. Das Adjektiv nachhaltig wurde mit „einen Nachhalt haben, andauernd, dauernd" umschrieben. Hier ist die Bedeutung Vorrat als auch die Bedeutung Dauerhaftigkeit noch präsent. Im Deutschen Wörterbuch von GRIMM (1889) wird das Nomen Nachhalt mit „Rückhalt, Reserve", das Verb nachhalten jedoch mit „anhalten (im Sinne von andauern), nachfolgen, nachholen,..." beschrieben, wodurch auch hier jene Wortgruppe noch diese Doppelbedeutung beinhaltet. Als Belegstelle wurde bei Grimm Goethe und Gotthelf zitiert.

Bei TRÜBENER (1934) sind das Nomen „Nachhalt" und das Verb „nachhalten" nicht mehr vorhanden, das Adjektiv „nachhaltig" wurde mit „lange nachwirkend, dauernd, nachdrücklich" beschrieben. So ist die Verwendung des Begriffs mit der in der Forstwirtschaft typischen Bedeutung verloren gegangen. Der Begriff Nachhaltigkeit umschreibt heute nicht mehr einen Weg zur dauerhaften Vorratserhaltung, sondern den Zustand von Dauerhaftigkeit (Zürcher, nach NINCK 1997; BÜCHI 2000, S.201-205).

Erst mit der Einführung des Begriffs sustainable development, der erstmals 1980 bei der Word Conversation Strategy der Vereinten Nationen zu lesen war und der damit verbundenen Übersetzung ins Deutsche, tauchte die Bedeutung einer Entwicklung bezüglich der Vorratserhaltung wieder auf. Heute wird häufig von einer zukunftsfähigen, dauerhaften, umweltgerechten oder nachhaltigen Entwicklung gesprochen. (Sachverständigenrat für Umweltfragen nach GROSSMANN et al. 1990). Weltweit formuliert wurde das Konzept des „Sustainable Development" erst auf der UNCED Konferenz in Rio. Im deutschen Sprachraum hat sich der Begriff der nachhaltigen Entwicklung durchgesetzt (Aachener Stiftung, Dezember 2002). Der Begriff nachhaltige Entwicklung vereint außerdem zwei grundsätzliche Tendenzen. Zum einen, die einer konservativ, bewahrenden Tendenz des Wortes Nachhaltigkeit, zum anderen die fortschreitend, ändernde Tendenz des Begriffs Entwicklung (Trommer, nach GROSSMAN et al. 1999, S.1).

So kann der Begriff nachhaltige Entwicklung als Dichtomie verstanden werden. Bei einer Trennung des Begriffs würde man einer Tendenz mehr Bedeutung zumessen. Der entscheidende Fakt ist jedoch genau die Verknüpfung dieser beiden Wörter, durch die das

Leitbild Nachhaltigkeit einen innovativen und kreativen Charakter erhält. (Arts et al. 1994, Jamieson 1998, nach KOPFMÜLLER et al. 2001)[1]

2.2. Ursprünge

Wie bereits erwähnt, stammt der Begriff Nachhaltigkeit ursprünglich aus der Forstwirtschaft. Man verstand unter Nachhaltigkeit jenen Bereich in der Forstwirtschaft, der sich mit dem Zusammenhang von Fortbestand und Nutzen des Waldes beschäftigt. Erfunden wurde der Begriff um ca. 1700 vom Oberberghauptmann Hans Carl von Carlowitz in der Silberstadt

Freiberg (Sachsen). Die verschärfte Holzknappheit veranlasste den Adeligen ein Konzept zur dauerhaften Bereitstellung von Holz für den Silberbergbau zu erarbeiten. Das Konzept sah den Wald als natürliche Ressource, der auf Dauer gesichert werden musste. Es durfte nämlich nur so viel Holz geschlagen werden, wie durch Aufforstung wieder nachwachsen konnte (Landesinstitut für Schule und Weiterentwicklung NRW, Dezember 2002).

Abbildung 2: Hans Carl von Carlowitz (Quelle: Landesinstitut für Schule und Weiterentwicklung NRW, Dezember 2002)

1795 beschrieb Theodor HARTIG in seinem forstnaturwissenschaftlichen Conversation-Lexikon die Bedeutung eines nachhaltigen Holzbestandes, da diese in der Forstwirtschaft zunehmendst außer acht gelassen wurde (Hartig in NINCK, 2001). Er legte also fest, dass *„die Wälder nur soweit zu nutzen sind, dass die Nachkommenschaft ebenso viele Vorteile daraus ziehen kann als sich die jetzt lebende Generation zueignet"* (Forum Umwelt & Entwicklung Mainz, Jänner 2003).

Durch die aufkommende Industrialisierung, verbunden mit einem immer größer werdenden Bedarf an Holz, stand man so in Europa im 19 Jahrhundert vor der Tatsache, dass dieser Energielieferant zunehmend aufgebraucht wurde. Es wurde bald klar, dass Handlungsstrategien gesetzt werden müssen, um der nachfolgenden Generation ebenso die Nutzung des Waldes zu ermöglichen und eine reine Gewinnwirtschaft zu verhindern. So

---

[1] Im folgenden werden die Begriffe sustainable development, nachhaltige Entwicklung und Nachhaltigkeit synonym verwendet.

forderte Otto von Hagen im Jahre 1894 neben der ökonomischen Funktion auch eine Aufrechterhaltung der Schutz- und Wohlfahrtsfunktion des Waldes (European DataBank Sustainable Development, November 2002; Landesinstitut für Schule und Weiterentwicklung NRW, Dezember 2002).

2.3. Debatten der 70er und 80er

Vorläufer aller Veröffentlichungen die ein ökologisches Anliegen zum Thema hatten, stellte die 1963 erschienene Publikation „**Silent Spring**" – „Der stumme Frühling" von **Rachel Carson** dar. In ihrem Buch erläuterte sie die schleichende Verseuchung der Natur mit Chemikalien und deren unmittelbare Folgen für die Gesundheit der Menschen. Sie stellte nämlich durch Untersuchungen fest, dass das Insektizid DDT, das als Pestizide bei der Produktion von Lebensmittel in der Landwirtschaft eingesetzt wurden, über die Nahrungskette bis zum Menschen gelangte, wo es katastrophale Folgen auslösen konnte (MARTINI 2001, S.3).

Abbildung 3: Der stumme Frühling von Rachel Carson (Quelle: AuroraMagazin für Kultur, Wissen und Gesellschaft, Jänner 2003)

Bei dem **1968** gegründeten **Club of Rome** handelte es sich bereits um einen Zusammenschluss von Wissenschaftlern, Politikern und Wirtschaftsführern, die aufgrund der wachsenden Umweltprobleme eine Studie in Auftrag gaben. **1972** wurde dieser Bericht "**Die Grenzen des Wachstums**" von Dennis Meadows zusammen mit einigen anderen Wissenschaftlern veröffentlicht, in dem der Club of Rome die Endlichkeit der natürlichen Ressourcen zum ersten Mal weltweit darstellte. (MARTINI 2001, S.8)

Abbildung 4: Die Grenzen des Wachstum (Quelle: Deutsches Historisches Museum, Jänner 2003)

Der Begriff Nachhaltigkeit erfuhr eine massive Ausdehnung in seiner Anwendung, da er sich nun über die Forst- und Landwirtschaft hinausgehend auf das gesamte Ökosystem hin definierte. Zu der erhofften globalen Neuorientierung kam es jedoch aufgrund des Ölkrise nicht. Im Mittelpunkt der internationalen Diskussion stand nicht mehr die Umweltdebatte sondern das Thema der nachholenden Wirtschaftsentwicklung und die Diskussion einer neuen Weltwirtschaftsordnung. Zeitgleich mit der Veröffentlichung des Berichtes tagte **1972** die erste internationale **UN-Konferenz in Stockholm** unter dem Namen „United Nations Conference of the Environment" (Konferenz der Vereinten Nationen über die menschliche Umwelt).

Hier als auch bei der Konferenz des Club of Rome wurde Nachhaltigkeit von den Industrie-Entwicklungsländern verschiedenst gedeutet, wodurch es zu Auseinandersetzungen zwischen beiden kam. Die Entwicklungsländer räumten nämlich der ökonomischen und sozialen Dimension eindeutigen Vorrang ein, die Industriestaaten sehen die Lösung aller Probleme in der Umwelt (KOPFMÜLLER et al. 2001; InfoNet-Umwelt Schleswig-Holstein, Jänner 2003). Zur Koordinierung der umweltrelevanten UN-Aktivitäten wurde in Stockholm außerdem beschlossen, ein **Umweltprogramm der Vereinten Nationen** (<u>U</u>nited <u>N</u>ations <u>E</u>nviroment <u>P</u>rogram UNEP) mit Sitz in Nairobi (Kenia) einzurichten. Das UNEP sollte ein Konzept entwickeln, dessen Ziel eine umwelt- und sozialverträgliche Entwicklung sein sollte. Diese Strategie wurde 1973 unter dem Namen „Ecodevelopment" bekannt, in der auch soziale Belange eingebracht wurden (KOPFMÜLLER et al. 2001, S. 21-24; MARTINI 2001).

2.4. Der Brundtlandbericht

Aufgrund wachsender Probleme im ökologischen, ökonomischen und sozialen Bereich nahm

die <u>W</u>orld <u>C</u>ommission on <u>E</u>nvironment and <u>D</u>evelopment WCED (Weltkommission für Umwelt und Entwicklung) im Jahr 1983 unter der Führung der norwegischen Ministerpräsidentin **Gro Harlem Brundtland** ihre Arbeit auf, mit dem Auftrag, ein Programm des Wandels auszuarbeiten. Der Bericht als auch die Konferenz wurden nach ihr benannt. (GRUNWALD et al. 2001, S.87; KOPFMÜLLER et al. 2001, S.26)

Abbildung 5: Gro Harlem Brundtland
(Quelle: World Health Organisation)

Der 1987 vorgelegte Bericht, unter dem Titel **„Our Common Future"** (Unsere gemeinsame Zukunft) führte den Begriff der "nachhaltigen Entwicklung" (sustainable development) ein und definierte ihn wie folgt: *"Sustainable development is development that meets the needs of the present without compromising the ability of future generations to meet their own needs"* (Brundtlandbericht 1987, nach NINCK 1997, S.51).

Abbildung 6: "Our common future" (Quelle: Owlnet Computing, Jänner 2003)

CHAPTER 2

TOWARDS SUSTAINABLE DEVELOPMENT

1.   Sustainable development is development that meets the needs
of the present without compromising the ability of future
generations to meet their own needs. It contains within it two
key concepts:

* the concept of 'needs', in particular the essential needs
  of the world's poor, to which overriding priority should
  be given; and
* the idea of limitations imposed by the state of
  technology and social organization on the environment's
  ability to meet present and future needs.

Abbildung 7: Auszug der Definition von sustainable development aus dem Bericht „our common future" (Quelle: Forum für Entwicklung und Umwelt Mainz, November 2002)

Der Bericht verfolgt außerdem, wie Abbildung 7 zeigt, zwei Thesen, die sowohl ein intrageneratives, also die jetzige Generation betreffend, als auch ein intergeneratives Gerechtigkeitspostulat, d.h. die künftige Generation betreffend, in sich vereinen. Zum einen fordert er nämlich, dass die Stillung der Grundbedürfnisse der dritten Welt ein übergeordnetes Ziel darstellen sollte. Die Armut ist nämlich als die Hauptursache der Umweltzerstörung zu sehen. Die Beseitigung der Armut stellt demnach die Grundvoraussetzung für eine global nachhaltige Entwicklung dar (GRUNDWALD 2001, S.86). Zum anderen verweist der Bericht auf die eingeschränkte Belastbarkeit des Ökosystems, die zur Kenntnis genommen werden muss, um die Bedürfnisse der heutigen und zukünftigen Generationen stillen zu können (Forum für Entwicklung und Umwelt Mainz – Wörterbuch zur Lokalen Agenda 21, November 2002).

Außerdem erfolgte hier ein Bedeutungswechsel des Begriffs Nachhaltigkeit. Während in der World Conversation Strategy der IUCN (International Union for the Conversation of Nature) der Begriff sustainable development noch auf den nachhaltigen Ertrag der natürlichen Ressourcen abzielte, fordert der Brundtlandbericht nun eine nachhaltige Entwicklung. Somit enthält er auch anthropozentrische Sichtweisen, da er die Umwelt im Interesse der Menschen schützen will und nicht um ihrer selbst willen (Brand/Jochum, nach KOPFMÜLLER 2001, S.156).

Diese Definition verankerte sich in der Fachliteratur wie keine andere. Von diesem Zeitpunkt an kam der Begriff weltweit in Debatten über die geeigneten Wege zur Umsetzung nachhaltiger Entwicklung vor und wurde auch erstmals der nicht-wissenschaftlichen Öffentlichkeit näher gebracht. So wurde sustainable development zum Schlüsselbegriff und Leitbild der 90er Jahre, da er erstmals die drei Dimensionen Ökologie, Ökonomie und Soziales vereinte, ein Gerechtigkeitspostulat forderte und ein globales Bewusstsein erzeugte (KOPFMÜLLER et al. 2001, S. 24-26; NINCK 1997).

2.5. Die UNCED-Konferenz in Rio und die Rio-Folgeprozesse

Der Brundtland Bericht und die folgenden Debatten stellten die Basis für die **UNCED-Konferenz** (Konferenz der Vereinigten Staaten für Umwelt und Entwicklung) **1992 in Rio de Janeiro** dar. Ziel des „Erdgipfels“, an dem über 100 Staats- und Regierungschefs von insgesamt 178 Länder teilnahmen, war es, aufgrund der wachsenden globalen Probleme mit teilweise irreversiblen Folgen und zunehmend globalen Verflechtungen zumindest politisch verbindliche Normen für die globale Entwicklung festzulegen und mit dem erstmals weltweit aufkommenden Begriff „Sustainable Development“ Umwelt- und Entwicklungspolitik miteinander zu verknüpfen. Die Lösung der globalen Probleme sollte vor allem durch neue globale Partnerschaften ermöglicht werden. Außerdem trat erstmals in allen Dokumenten der Begriff Nachhaltigkeit auf und erreichte unter Einbeziehung großer Teile der Gesellschaft eine einzigartige Bandbreite und politische Brisanz. Anlässlich der Konferenz wurden verschiedene Dokumente verfasst wie die Rio Deklaration, die Agenda 21, die Klimaschutzkonvention, die Artenschutzkonvention und die Waldschutzkonvention, in denen das Leitbild nachhaltige Entwicklung als globale Ethik festgeschrieben wurde (KOPFMÜLLER et al. 2001, S.26-28; GÖRG, BRAND (Hrsg.) 2002, S.1; MARTINI 2001, S.11).

Die ebenfalls in Rio beschlossenen Einrichtung **„Commission on Sustainable Development“** wurde eingerichtet um den Prozess der nachhaltigen Entwicklung in den einzelnen Staaten besser zu beobachten, fördern und evaluieren zu können. So wurde sustainable development noch deutlicher zum entscheidenden Leitbegriff, ohne allerdings eine eindeutige Definition des Begriffs selbst vorzulegen (KOPFMÜLLER et al. 2001, S. 26-27).

Bei der **UN-Sondergeneralversammlung 1997 in Amsterdam** folgte jedoch Ernüchterung. Die globale Situation, angefangen von der wachsenden Kluft zwischen Arm und Reich, Nord und Süd, bis zum zunehmenden Umweltproblem, hatte sich trotz aller entwickelten Nachhaltigkeitsstrategien drastisch verschlimmert. Der Begriff „Nachhaltigkeit" wurde je nach Betrachtungsweise und Interessensvertretung unterschiedlich geprägt und gedeutet, was dazu beigetragen hatte, dass die Hauptakteure 5 Jahre nach Rio im Wesentlichen keine erfolgreiche Bilanz ziehen konnten (Aachener-Stiftung, November 2002).

Aufgabe war es nun, jene Nachhaltigkeitsstrategien auf ihre praktische Umsetzung hin zu überprüfen. Dies erfolgte durch den Folgeprozess **„World Summit for Sustainable Development" in Johannesburg im Jahr 2002**, der 10 Jahre nach Rio eine Bilanz des Erreichten ziehen sollte. Einigkeit bestand darüber, dass in Bezug auf nachhaltige Entwicklung und Umsetzung dieser, ein gemeinsamer Lern- und Erfahrungsprozess bestand (Aachener-Stiftung, November 2002).

3. Vielfältige Facetten des Begriffs Nachhaltigkeit

3.1. Ökologische Dimension

Noch zu Beginn des 20 Jahrhunderts wurde im Zusammenhang mit dem Begriff Nachhaltigkeit lediglich von forst- bzw. landwirtschaftlichen Belangen gesprochen. Im Jahr 1972 erfuhr der Begriff durch das Buch „Die Grenzen des Wachstums" eine massive Expansion in seiner Anwendung. Der Begriff erstreckte sich, wie im Kapitel 2.3 bereits erwähnt, über die Land- und Forstwirtschaft hinaus auf die gesamte Ökologie der Erde. Der Mensch begriff, dass er Teil der gesamten Natur und deshalb auf die Funktionsfähigkeit natürlicher Kreisläufe und Regenerationsprozesse angewiesen ist. Zerstört er diese Kreisläufe, zerstört er unweigerlich auch sich selbst. Dies zwang den Menschen der Ökologie eine wichtige Funktion einzuräumen. Hierbei haben sich 3 Grundprinzipien herauskristallisiert:
(1) Rücksichtslose Ernten erneuerbarer Ressourcen sind einzudämmen.

(2) Der Abbau von nicht erneuerbaren Ressourcen ist zu verhindern.

(3) Regel- u. Trägerfunktion der Natur sind zu erhalten.

Diese Grundsätze, auch „ökologische Managementregeln" genannt, sind in vielfältiger Weise ergänzt und modifiziert worden ohne ihren entscheidenden Aussagegehalt verändert zu haben und enthalten einen praktikablen Anhaltspunkt für eine ökologisch nachhaltige Entwicklung (Johannes Gutenberg-Universität Mainz, Jänner 2003).

Im Hinblick auf die Forderung nach Erhalt der natürlichen Lebensgrundlagen ergeben sich demnach, wie aus Abbildung 8 ersichtlich, zwei Positionen. Jene der starken Nachhaltigkeit, auch stoffliche Substituierbarkeit genannt, und die der schwachen, auch nutzenorientierte Substituierbarkeit genannt. Die schwache Nachhaltigkeit besagt, dass natürliches Kapital durch künstliches ersetzt werden darf, sofern das Wohlfahrtsniveau über die Zeit konstant bleibt. Die starke Nachhaltigkeit hingegen fordert, dass der natürliche Kapitalstock konstant gehalten werden sollte und nur ein begrenzte Art von Substitution möglich ist. Beide Positionen sind jedoch nicht haltbar wodurch das Einräumen einer mittleren Nachhaltigkeit bzw. der funktionalen Substituierbarkeit, die eine Verbindung beider darstellt, notwendig ist. Diese fordert, dass vorhandene Ressourcen nur in dem Maße genutzt werden dürfen, als sie der nächste Generation in derselben Quantität und Qualität wieder zur Verfügung stehen. So wurde der Begriff der ökologischen Dimension geprägt, der als der erste Hauptpfeiler im Zusammenhang mit Nachhaltigkeit zu sehen ist (KOPFMÜLLER et al. 2001, S.50-66; Universität Bielefeld, Jänner 2003).

Schwache Nachhaltigkeit ↕ Starke Nachhaltigkeit	Nutzenorientierte Substituierbarkeit	Künstlichen Gütern wird derselbe Nutzen beigemessen wie natürlichen Gütern.
	Funktionale Substituierbarkeit	Bestimmte Funktionen natürlicher Bestandteile werden ersatzweise durch künstliche Elemente gewährleistet.
	Stoffliche Substituierbarkeit	Ersatz durch quasi identischen Stoff, der alle Eigenschaften des Originals aufweist.

Abbildung 8: Starke, mittlere, schwache Nachhaltigkeit (Quelle: Universität Bielefeld, November 2002)

3.2. Ökonomische Dimension

Aufgrund der Folgewirkungen der industriellen Veränderungsprozesse, die auf die explosionsartige Entwicklung der weltwirtschaftlichen Verflechtungen in den 70er Jahren zurückzuführen sind, musste ein Umdenken erfolgen. Die Globalisierung führte nicht automatisch zu einer Anpassung des Wohlstandsniveaus und der Lebensqualität zwischen den weltwirtschaftlichen Zentren und Peripherien, sondern verschärfte die Disparität zwischen ihnen. Diese zunehmend globalen Probleme waren nicht mehr allein durch ökologisch nachhaltiges Handeln zu lösen, wodurch dem ökonomischen Aspekt eine enorme Bedeutung zukam. Ansätze einer ökonomisch nachhaltigen Entwicklung gab es, wie im Kapitel 2.2 erwähnt, schon viel früher. Eine konkrete Etablierung der Ökonomie in das Konzept der nachhaltigen Entwicklung erfolgt jedoch erst später . Somit stellt die ökonomische Dimension den zweiten Pfeiler des Begriffs Nachhaltigkeit dar. Das übergeordnete Ziel der ökonomischen Nachhaltigkeit ist, die Erhaltung des ökonomischen Kapitalstocks, um die Grundbedürfnisse der lebenden Generation effizient zu befriedigen und die Voraussetzung sicherzustellen, dass dies auch zukünftige Generationen tun können. Diese Zielformulierung der ökonomischen Dimension ist nicht mehr naturwissenschaftlich begründbar sondern muss an kulturellen Vorstellungen gemessen werden. Dabei ist zu unterscheiden, ob eine ökonomisch nachhaltige Entwicklung qualitativ, im Sinne eines konstanten Wirtschaftswachstums, ausgedrückt durch ein steigendes Bruttosozialprodukts oder quantitativ, im Sinne einer Zunahme der Pro-Kopf-Lebensqualität erfolgen soll. Der Ökonom Herman E. DALY (1999) plädierte für eine qualitative wirtschaftliche Entwicklung und sah die Ökonomie als ein offenes Subsystem des Ökosystems, aus dem sie einerseits die Ressourcen für Produktionsprozesse zur Verfügung stellt (Input-Seite), andererseits ihre Emissionen entlässt (Output-Seite). Aus der Sicht des britischen Nationalökonomen John Stuart MILL (1857) ist das Wirtschaftssystem ein geschlossener Kreislauf, dessen Durchlaufmenge an Material und Energie konstant ist. Ein Spielraum für qualitative Verbesserungen der Lebensführung wäre hierbei genauso gegeben. (Johannes Gutenberg-Universität Mainz, Jänner 2003)

In Bezug auf das intergenerative Gerechtigkeitspostulat wird häufig die Kapitaltheorie erwähnt, die besagt, dass nicht vom Kapital selbst sondern von den laufenden Erträgen gelebt werden soll (HUBER 1995, S.73-74). Diese Forderung nach Konstanz des Kapitalstocks über die Zeit hinweg geht auf die Einkommenskonzeption des englischen Ökonomen J.R HICKS (1940) zurück. Diese stellt dar, dass für ein Individuum das Einkommen die maximale Summe ist, die ausgegeben werden kann. Übertragen auf die Gesellschaft bedeutet dies, dass von einer Gesellschaft in einer Periode nur so viel konsumiert werden darf ohne dabei künftige Konsummöglichkeiten einzuschränken (KOPFMÜLLER et al. 2001, S.21).

Die ökonomische Säule wird primär als volkswirtschaftliche Nachhaltigkeit interpretiert, jedoch würde diese nicht funktionieren wenn nicht einzelwirtschaftlich erfolgreiche Unternehmen vorhanden wären. Gleichermaßen ist die globale Nachhaltigkeit zu sehen. Ohne funktionierende nationale Volkswirtschaften ist keine global ökonomisch nachhaltige Entwicklung möglich (KOPFMÜLLER et al. 2001, S.84-102; BECKER 2001, S.57).

3.3. Soziale Dimension

Nach den Erfahrungen mit den Strukturanpassungsmaßnahmen der 80er- und 90er-Jahre setzt sich in der entwicklungspolitischen Diskussion mehr und mehr die Ansicht durch, dass wirtschaftliches Wachstum zwar eine notwendige, aber keine hinreichende Voraussetzung für eine nachhaltige Entwicklung darstellt. So kam man zur Erkenntnis, dass soziale Aspekte einen wesentlichen Teil des gesellschaftlichen Lebens ausmachen. Man hatte also die soziale Perspektive in Bezug auf Nachhaltigkeit bislang vernachlässigt. So sind in den letzten Jahren erste Vorschläge zur Konkretisierung der sozialen Dimension formuliert worden.

Ursprünglich bezog sich die soziale Nachhaltigkeit auf das globale System. Mittlerweile sind jedoch die Ebene der Gesellschaft und die Ebene der individuellen Belange der Gesellschaftsmitglieder etabliert worden. Durch die Vielzahl an Problemstellungen ist ein Spannungsverhältnis zwischen den einzelnen Ebenen vorprogrammiert, da die Erwartungen zwischen den einzelnen Ebenen nicht notwendigerweise harmonisieren (KOPFMÜLLER et al. 2001, S.67-84)

Durch das große Spektrum an Konzepten bezüglich der sozialen Nachhaltigkeit kann nur ein kurzer Überblick gegeben werden, der sich an die Gliederung von Helge TORGERSEN (o. J.) hält, die sowohl globale, gesellschaftliche als auch individuelle Aspekte beinhaltet . Demnach kann die soziale Dimension in vier Ebenen geteilt werden:

(1) Integration

(2) Dauerhaftigkeit

(3) Verteilungsgerechtigkeit

(4) Partizipation.

Im Brennpunkt der Integration steht die Vernetzung und die Anerkennung kultureller Unterschiede, die anstatt von Ausgrenzung erfolgen sollte. Die Dauerhaftigkeit umfasst die

Sicherung des sozialen Friedens, Recht auf Bildung, Sicherheit sowie Risikovermeidung. Die Verteilungsgerechtigkeit innerhalb der Generationen und zwischen den Generationen, die die Bereiche Altersversorgung oder Familienunterstützung inkludiert, ist als dritte Ebene zu sehen. Partizipation entspricht der Forderung nach Mitsprache und Mitentscheidung aller Gesellschaftsmitglieder. Diese gelten als Bedingungen, die für ein menschenwürdiges und sicheres individuelles und gesellschaftliches Lebens notwendig sind (Österreichisches Internetportal für Nachhaltige Entwicklung, September 2002).

Zentrales Element der sozialen Dimension stellt die Forderung nach einer intergenerativen und intragenerativen Gerechtigkeit dar, die sowohl ansatzweise in älteren Konzepten nachhaltiger Entwicklungen, klar jedoch im Brundtlandbericht, als auch bei der in Rio verabschiedeten Agenda 21 gefordert wird. Demnach sind soziale Probleme in Bezug auf gesellschaftliches Leben wichtige Einflussfaktoren, wurden aber bisher hinter ökologische und wirtschaftliche Entwicklungen gestellt (Österreichisches Internetportal für Nachhaltige Entwicklung, September 2002).

3.4. Institutionelle und/oder kulturelle Dimension

Hinsichtlich dem Streben nach Nachhaltigkeit plädieren einige Autoren noch für die Einführung weiterer Dimensionen, wie die der institutionellen und der kulturellen Dimension. Die kulturelle Perspektive auf globaler Ebene umfasst die Lebensformen von Gesellschaften und deren Grundwerten, also eine Vielfalt von eigenständigen Kulturen. Auf lokaler Ebene ist die Bewahrung und Förderung individueller Identität anzustreben (BECKER 2001; GNEmbH Witzenhausen, Dezember 2002; Michael Schmidt-Salomon, Jänner 2003).

Eine umfassende Definition gibt dazu Dr. Schmidt-Salomon, der die kulturelle Dimension als *„das theoretische Verständnis und das konkrete Verhalten einer Personengruppe in bezug auf Sozialordnung, Bildung, Erziehung, Kunst, Literatur, Musik, Rechtssprechung, Politik, Religion, Sprache, Technik, Wissenschaft, Sport, Freizeitverhalten, Wirtschaftsweise, Alltagsgestaltung, Gefühlsleben, Sexualverhalten, Naturbeherrschung usw."* versteht (Michael Schmidt-Salomon, Jänner 2003).

Besonders hervorzuheben sei in diesem Bezug, die Bildung geistiger und sozialer Fähigkeiten. Bildung befähigt nämlich Menschen, Probleme zu lösen, eigenverantwortlich zu handeln und ihre Existenz zu sichern. So erweist sich Bildung schließlich als

Grundvoraussetzung für gesellschaftliches und politisches Engagement und ist auch intergenerativ von großer Bedeutung: Um morgen Probleme lösen und nachhaltig handeln zu können, muss Bildung betrieben werden (GNEmbH Witzenhausen, Dezember 2002; BECKER 2001).

Bislang spielte die kulturelle Dimension in der Nachhaltigkeitsdebatte jedoch noch eine untergeordnete Rolle. Ihre Ziele und Forderungen werden teilweise der sozialen Dimension beigefügt, wodurch man schließlich auch oft von einer soziokulturellen Dimension spricht (Universität Osnabrück, Dezember 2002).

Die institutionelle Dimension fordert vordergründig Partizipation. Partizipation bedeutet Teilnahme aller gesellschaftlichen Gruppen an Entscheidungs-, Planungs- und Umsetzungsprozessen. Denn nachhaltige Entwicklung ist nur dann durchführbar, wenn die Mitwirkungsbereitschaft jedes einzelnen gegeben ist. So spielt Partizipation auch in der Agenda 21 eine Rolle, die im Kapitel 2 eine „gute Regierungsführung" und eine „verstärkte Partizipation" fordert. Hierbei stehen nicht nur die traditionellen Institutionen wie Regierungen im Vordergrund, auch die Teilnahme von Nichtregierungsorganisationen, wirtschaftlichen Akteuren, gesellschaftlichen Gruppen und der Wissenschaft ist gefragt (Johannes Gutenberg-Universität Mainz, Jänner 2003).

So wichtig der Begriff „nachhaltig" ist, so leichtfertig wird er im Zusammenhang mit den einzelnen Dimensionen verwendet. Um einer weiteren leichtfertigen inflationären Verwendung des Begriffes entgegen zu wirken, ist es nötig, Nachhaltigkeitsindikatoren zu schaffen, die darüber Auskunft geben sollten ob man sich in Richtung nachhaltiger Entwicklung bewegt. Diese messbaren, nachprüfbaren Indikatoren sollen demnach Interaktionen im Zusammenhang mit dem Begriff Nachhaltigkeit bewerten oder sie diesbezüglich als reine Floskeln entlarven. Bisher haben sich allerdings nur bezüglich der ökologischen Dimension Indikatoren etabliert. Ein einheitliches Standard-Set von Indikatoren für die ökonomische und soziale Dimension gibt es derzeit noch nicht (KOPFMÜLLER et al. 2001, S.317-322).

4. Nachhaltigkeit als systemischer Ansatz

4.1. Eindimensionalität versus Mehrdimensionalität

Dieses Kaptitel widmet sich der Frage, welche Bedeutung den verschiedenen Dimensionen beigemessen werden soll. So gibt es grundsätzlich zwei polarisierende Ansichten in Bezug auf die Gewichtung der Dimensionen. Die Vertreter der einen Gruppe räumen einer Dimension grundsätzliche Priorität ein, in dem sie die natürliche Umwelt in den Mittelpunkt stellen. Sie sehen also die Lösung aller Probleme in der Umwelt. Ökonomische und soziale Belange spielen nur als Ursache und Folge umweltrelevanter Problemstellungen eine Rolle. Sie stellen somit keine eigene Dimension dar, sondern werden in der ökologischen Komponente eingegliedert. Als Beispiel eines Ein-Säulen-Modells sei hier „Zukunftsfähiges Deutschland" angeführt, dass trotz der einseitigen ökologischen Betrachtungsweise ökonomische und soziale Aspekte nicht außer acht lassen kann. Somit stellen Ein-Säulen-Modelle in Wirklichkeit Integrations- und Abwägungsfragen in gleicher Weise, wie Mehr-Säulen-Modelle. Den einzigen Unterschied zum Mehr-Säulen-Modell stellt die Einräumung keiner eigener Zielkategorien für ökonomische, soziale bzw. institutionelle Aspekte dar (GRUNWALD et al. 1998, S.82; KOPFMÜLLER et al. 2001, S.31).

Diesem **Ein-Säulen Modell** steht das **Mehr-Säulen Modell** gegenüber, dass von einer prinzipiellen Gleichberechtigung der Dimensionen ausgeht. Hierbei ist wiederum das Drei-Säulen Modell bzw. Magische Dreieck vom Prisma zu unterscheiden. Das Drei-Säulen-Modell sieht eine nachhaltige Entwicklung nur dann gegeben, wenn die ökologische, ökonomische als auch die soziale Dimension gleichermaßen berücksichtigt wird (KOPFMÜLLER et al. 2001; Service Umweltbildung, November 2002).

Abbildung 9: Das magische Dreieck
(Quelle: Schröter, Dezember 2002)

Im Prisma wird neben den drei Dimensionen Ökologie, Ökonomie und Soziales die institutionelle Dimension eingegliedert. Der Unterschied zum magischen Dreieck besteht darin, dass die in der sozialen Dimension enthaltene Partizipation zu einer eigenständigen Dimension, nämlich der institutionellen gemacht wird. Zum besseren Verständnis ist im folgenden Kapitel 4.2 eine Abbildung vorhanden, anhand der die Zusammenhänge zwischen den einzelnen Dimensionen kurz beschrieben werden (European Data Bank Sustainable Development, Dezember 2002).

4.2. Wechselbeziehung zwischen den einzelnen Dimensionen

Eine getrennte Darstellung der drei Aspekte, wie Abbildung 10 zeigt, mag eine legitime Methode sein den Begriff Nachhaltigkeit zu beschreiben, jedoch bringt sie auch wesentliche Nachteile mit sich. So geht das Gefühl dafür verloren, wie die Teile zusammenwirken und dass eine Veränderung in dem einen Bereich eine Veränderung in einem anderen nach sich zieht. Dadurch geht der Effekt, den Nachhaltigkeitsberichte eigentlich erzielen wollen, nämlich einen integrierten Gesamteindruck zu vermitteln, verloren (GRUNWALD et al. 2001, S.80-88).

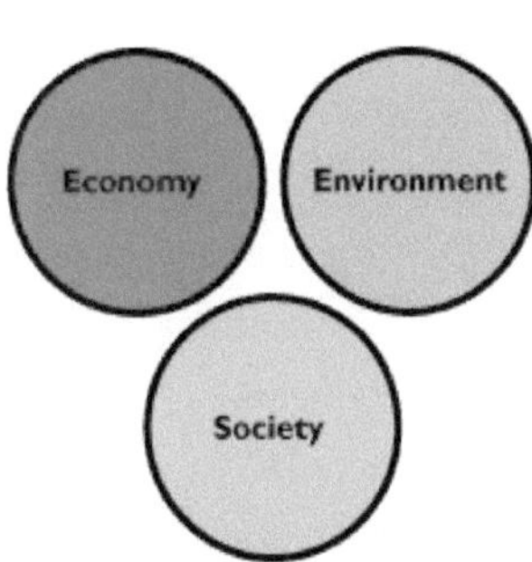

Abbildung 10: Getrennte Darstellung Ökologie – Ökonomie – Soziales (Quelle: Sustainable Measures, Dezember 2002)

Denn man kann keine Problem in einem Bereich zu Lasten anderer Bereiche lösen, da vielfache Zusammenhänge zwischen den einzelnen Bereichen vorhanden sind. So gilt es den Begriff Nachhaltigkeit als eine Verbindung der drei Teilbereiche zu sehen (Abb. 11).

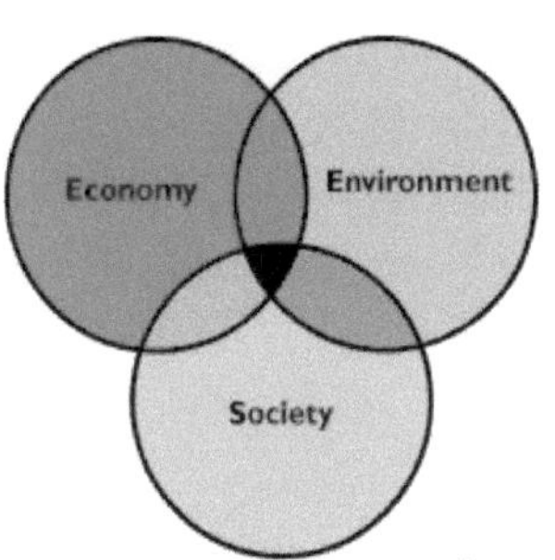

Abbildung 11: Verbindung zwischen Ökologie, Ökonomie und Sozialem (Quelle: Sustainable Measures, Dezember 2002)

Zum besseren Verständnis sei hier ein Beispiel aus der Agrarpolitik angeführt: Die folgenden Abbildungen werden in drei Varianten die Wechselwirkungen zwischen den drei Dimensionen bei veränderten äußeren Rahmenbedingungen graphisch darstellen. Dabei wird immer von einem gleich großem Nachhaltigkeitsdreieck ausgegangen, um danach die relativen Auswirkungen verschiedener Entwicklungen in Form eines hellblauen Dreiecks anschaulich darstellen zu können. Jede Achse in diesem Dreieck entspricht einer Dimension, eine Entwicklung hinsichtlich einer Dimension wird durch ihre Entfernung vom Ursprung dargestellt. Je weiter weg die Markierung vom Ursprung ist, desto nachhaltiger ist die Entwicklung in jener Dimension (Die folgenden Ausführungen stützen sich im wesentlichen auf das Zentrum für Biosicherheit und Nachhaltigkeit, Jänner 2003).

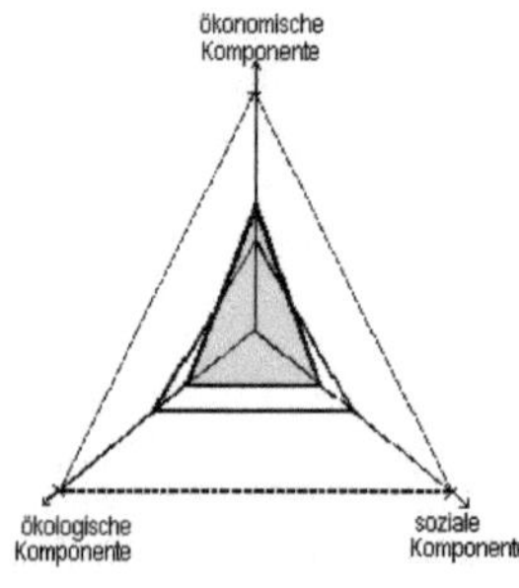

Durch den Einsatz gentechnisch erzeugter Resistenzen gegen Krankheiten und Schädlinge ist, wie Abbildung 12 zeigt, eine ökonomische Nachhaltigkeit gegeben. Weil neue Technologien aber auch Gefahren wie erhöhten Düngemitteleinsatz, Verringerung der Arbeitsplätze oder eine zu hohe Pestizidintensität mit sich bringen, führt dies zu einer Verschlechterung der sozialen und der ökologischen Komponente von Nachhaltigkeit.

Abbildung 12: Ökonomisch nachhaltige Entwicklung (Quelle: Zentrum für Biosicherheit und Nachhaltigkeit, Jänner 2003)

Kommt es jedoch zu einem Verzicht auf Gentechnologie ist dies, wie aus Abbildung 13 herauszulesen, zwar als wenig ökonomisch nachhaltig zu bezeichnen, jedoch bringt dies positive Effekte im Bereich Ökologie, da anstatt genmanipulierten Pflanzenschutzmitteln alternative Pflanzenschutzstrategien Beachtung finden. Auch soziale Verträglichkeit ist hierbei gegeben, da eine ernährungsphysiologische Qualität der Produkte ohne Rückständen von Pestiziden, Hormonen oder ähnlichem gegeben ist.

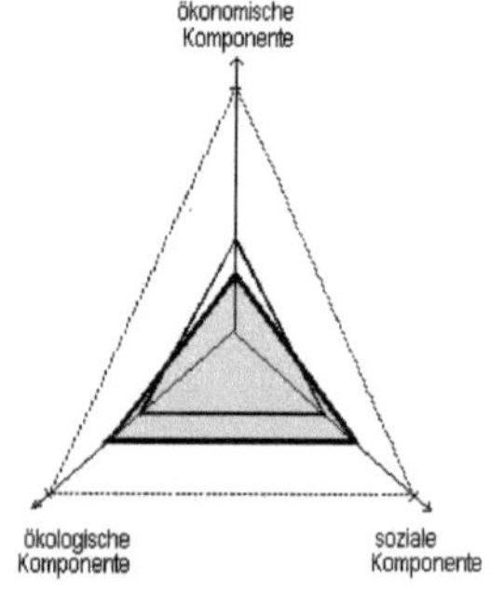

Abbildung 13: Ökologisch und sozial nachhaltige Entwicklung. (Quelle: Zentrum für Biosicherheit und Nachhaltigkeit, Jänner 2003)

Ohne gentechnologischen Fortschritt sind alternative Pflanzenschutzstrategien nur dann als ökonomisch, ökologisch und sozial nachhaltig zu beurteilen, wenn gleichzeitig eine schrittweise Liberalisierung des Außenhandels und eine Wandlung hin zu einer marktorientierten, wettbewerbsfähigen und umweltverträglichen Agrarpolitik erreicht wird. Vorraussetzungen dafür sind ein starker Abbau der bestehenden Förderungspolitik, verschärfte Umweltauflagen und zusätzliche Mittel für besondere ökologische Leistungen, bei gleichzeitiger Sicherung der Arbeitsplätze und Einkommen der Landwirte. Diese Darstellung stellt eine Annäherung an eine gewünschte Gleichbehandlung aller drei Teile dar.

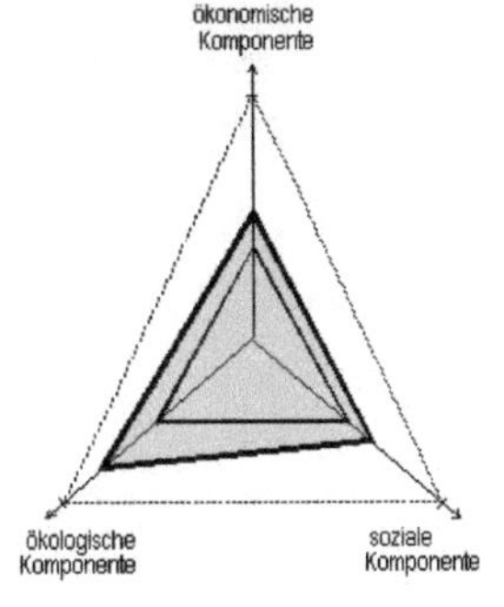

Abbildung 14: Ökonomisch, ökologisch und sozial nachhaltige Entwicklung (Quelle: Zentrum für Biosicherheit und Nachhaltigkeit, Jänner 2003)

Eine exaktere Darstellung der Wechselbeziehungen beinhaltet die Abbildung 15, bei der Ökologie , Ökonomie und Soziales als ineinandergreifende Systeme dargestellt werden.

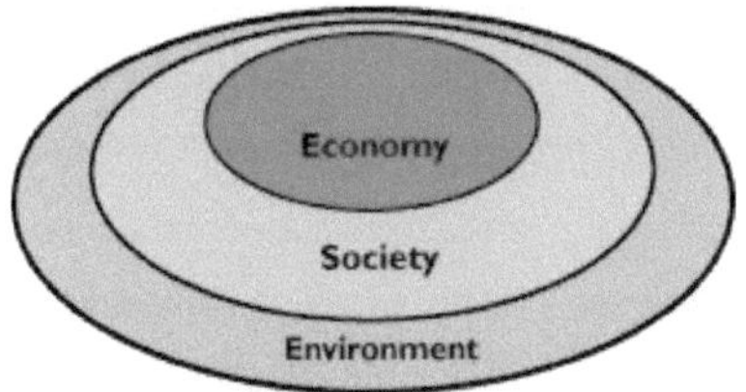

Abbildung 15: Ökologie, Ökonomie und Soziales als ineinandergreifende Systeme (Quelle: Sustainable Measures, Dezember 2002)

Die Abbildung zeigt, dass ökonomische Aktivitäten in der sozialen Dimension eingebettet liegen, die wiederum innerhalb der ökologischen Dimension einzuordnen ist. Denn ökonomische Interaktionen setzen menschliches Handeln und Naturkapital voraus. Die soziale Dimension umfasst Teile der Ökonomie als auch der Ökologie, da sie auf der einen Seite Ressourcen für die ökonomische Dimension zur Verfügung stellt, auf der anderen Seite aber auf das Naturkapital der ökologischen Dimension angewiesen ist. So ist die ökologische Dimension als grundlegendes Fundament zu sehen, auf der ökonomische und soziale Aktivitäten aufbauen. Nachhaltige Entwicklung kann somit nur dann stattfinden, wenn es zu einem ständigen Interessensausgleich zwischen ökologischen, ökonomischen und sozialen Interessen kommt (Sustainable Measures, Dezember 2002).

Eine noch komplexere Darstellung enthält die Abb. 16, in der, wie bereits im Kap. 4.1 erwähnt, neben ökologischen, ökonomischen und sozialen, auch institutionelle Aspekte miteingegliedert sind.

Abbildung 16: Prisma der Nachhaltigkeit (Quelle: European Data Bank Sustainable Development, Dezember 2002)

Die Zusammenhänge zwischen den einzelnen Dimensionen sind durch die Querbalken beschrieben. So liegt die Verbindung der sozialen mit der ökonomischen Dimension in Verteilungsfragen. Der Zusammenhang zwischen der sozialen und der ökologischen Dimension ist durch Zugangsfragen gegeben. Die institutionelle und die sozial Dimension hängen dagegen durch den Wunsch nach Festigung des Demokratiegedankens zusammen. Den Gedanken der Gerechtigkeit hinsichtlich wirtschaftlicher Tätigkeiten haben die ökonomische und die institutionelle Dimension gemeinsam. Sorge im Bezug auf die Natur sind Thema der Ökologie und der Institutionen. Das Ziel auf das sich die ökonomische Dimension und die ökologische Dimension zu einigen haben lautet Öko-Effizienz, eine Unternehmensstrategie die eine effiziente Nutzung von Rohstoffen, Energie und natürlichen Ressourcen bei gleichzeitiger Verringerung der Abfallmengen und Emissionen bedeutet (European Data Bank Sustainable Development, Dezember 2002).

5. Fazit

Anhand der Begriffsdefinition und der Entstehungsgeschichte haben wir gelernt, dass der Begriff Nachhaltigkeit als Behelf für eine Vielfalt an Forderungen gilt, nach denen sich unser künftiges Leben richten sollte. Es ist außerdem ersichtlich, dass es keine eindeutige Definition von Nachhaltigkeit gibt. Wir haben überdies erfahren, dass Nachhaltigkeit ein normatives Konzept darstellt, was bedeutet, dass es zentrale Werte vorgibt, nach denen sich Entscheidungen zu richten haben. Neben der normativen Ebene besitzt Nachhaltigkeit jedoch auch noch eine methodische Ebene, die uns lehrt, dass der Begriff Nachhaltigkeit ein Vernetzter ist. Diese Gesamtvernetzung, auch Rentinität genannt, muss zu einer ethischen Maxime gemacht werden. Nachhaltigkeit verweist darauf, dass die verschiedenen Bereiche zusammenhängen und die bisherige Vorgehensweise im Umweltschutz überholt ist. Im Mittelpunkt der Debatte steht das Dreieck aus Ökologie – Ökonomie – und Sozialem. Kritisch sei jedoch angemerkt in wie weit die Dimensionen Ökologie, Ökonomie und Soziales alle relevanten Bereiche abdecken. Dazu ist jedoch ein vernetztes systematisches Denken nötig. Dies ist und wird noch lange einen schwierigen Lernprozess für die Menschheit darstellen.

QUELLVERZEICHNIS

Literatur:

BECKER, A., 2001: Zukunftsfähige Politik: volkswirtschaftliche, ökologische und soziale Aspekte vernetzt. – Ges. für ökolog. Kommunikation, München, 201 S.

BÜCHI, H., 2000: Naturgerechte Zukunft : weshalb Regionalisierung und ökologische Stabilisierung das Umweltproblem nicht lösen. - UVK Universitätsverlag Konstanz , Konstanz, 268 S.

GÖRG, C., BRAND, U., (Hrsg.), 2002: Mythen globalen Umweltmanagements. – Westfälisches Dampfboot, Münster, 217 S.

GROSSMANN, W.D., EISENBERG, W., MEIß, K.M., MULTHAUP, T. (Hrsg.), 1999: Nachhaltigkeit: Bilanz und Ausblick. – Peter Lang GmbH, Frankfurt am Main, 236 S.

GRUNWALD, A., COENEN, R., NITSCH, J., SYDOW, A., WIEDEMANN, P. (HRSG.), 1998: Forschungswerkstatt Nachhaltigkeit: Wege zur Diagnose und Therapie von Nachhaltigkeitsdefiziten -Ed. Sigma, Berlin, 2001, S. 401

HART, M., 1999: Guide to Sustainable Community Indicators. – Hart Environmental Data, USA, 202 S.

HUBER, J., 1995: Nachhaltige Entwicklung, Strategien für eine ökologische und soziale Erdpolitik. –Edition Sigma, Berlin, 171 S.

KOPFMÜLLER, J., BRANDL, V., JÖRISSEN, J., PAETAU, M., BANSE, G., COENEN, R., GRUNDWALD, A., 2001: Nachhaltige Entwicklung integrativ betrachtet: konstitutive Elemente, Regeln, Indikatoren. – Ed. Sigma, Berlin, 2001, 432 S.

MARTINI, C., 2000: Nachhaltigkeit – was ist das? Vortrag im Wintersemester 2000/2001. – Dt. Hochschule für Verwaltungswissenschaften, Freihandmagazin, Speyer, Heft 60, 12 S.

MESSINGER, H., 1996: Langenscheidts Großes Schulwörterbuch Englisch-Deutsch.- Langenscheidt Verlag, München, 1337 S.

NINCK, M., 1997: Zauberwort Nachhaltigkeit. - Hochschulverlag an der ETH Zürich, Zürich, 139 S.

STOWASSER, J.M., PETSCHENIG, M., SKUTSCH, F., 1994: Lateinisch-deutsches Schulwörterbuch.- Verlag Hölder-Pichler-Tempsksy, Wien, 574 S.

Internet:

Aachener Stiftung, Dezember 2002: Lexikon der Nachhaltigkeit – Geschichte, http://www.nachhaltigkeit.aachener-stiftung.de/6000/Geschichte.htm

AuroraMagazin für Kultur, Wissen und Gesellschaft, Jänner 2003: „Rachel Carson - Der stumme Frühling", http://www.aurora-magazin.at/umwelt_natur/maier_carson.htm

Landesinstitut für Schule und Weiterbildung, Dezember 2002: Lokale Agenda 21 – Thema Nachhaltigkeit, http://www.learn-line.nrw.de/angebote/agenda21/info/nachhalt.htm

Deutsches Historisches Museum, Jänner 2003: Chronik, http://www.dhm.de/lemo/html/1973/

European DataBank Sustainable Development, Dezember 2002: Artikel, http://www.sd-eudb.net/index-de.htm

Forstdirektion des Wittelsbacher Ausgleichsfonds, Jänner 2003: Forstdirektion Ingolstadt, http:www.haus-bayern.com/fd/ images/excerpt1.jpg

Forum Umwelt & Entwicklung Mainz, November 2002: Wörterbuch zur Lokalen Agenda 21, http://www.uni-mainz.de/~forum/menu.html

Gesellschaft für nachhaltige Entwicklung mbH Witzenhausen, Dezember 2002: Beiträge und Gedanken zum Thema Nachhaltigkeit, http://www.gne-witzenhausen.de/nachh/nachh_0.html

Institution Sustainable Measures, Dezember 2002: What is sustainability, anyway?, http//www.sustainablemeasures.com/Sustainability/index.html

InfoNet-Umwelt Schleswig-Holstein, Jänner 2003: Geschichte der Agenda 21, http://umwelt.landsh.server.de/servlet/is/12193/#Stockholm

Johannes Gutenberg-Universität Mainz, Institut für Politikwissenschaft, Jänner 2003: Bericht von Christina Boccolari – Nachhaltige Entwicklung: Eine Einführung in Begrifflichkeit und Operationalisierung, http://www.politik.uni-mainz.de/Bereich/bereich1211/documents/32.pdf

Michael Schmidt-Salomon, Jänner 2003: Impulsvortrag zum Thema: Was ist Nachhaltigkeit?, http://www.salomon.home.pages.de/

Österreichisches Internetportal für Nachhaltige Entwicklung, September 2002: Monatsthema soziale Nachhaltigkeit, http://www.nachhaltigkeit.at/reportagen.php3?id=2

Owlnet Computing, Jänner 2003 : Personal pages. Architecture 635 Homepage - Books and Readings, http://www.owlnet.rice.edu/~arch635/Books1.htm

Schröter, Dezember 2002: ~~Nachhaltige~~ (dauerhaft-umweltgerechte) Entwicklung http://www-public.tu-bs.de:8080/~schroete/nachhaltigkeit.htm

Service Umweltbildung, Dezember 2002: Enquete-Kommission im Deutschen Bildungsserver http://bildungsserver.de/zeigen_e_html?seit=719

Universität Bielefeld, Jänner 2003: Arbeit von Stefan Hauptmann – Nachhaltigkeit. Ein Leitbild einer reflexiven Gesellschaft?: http://www.uni-bielefeld.de /iwt/general/iwtpapers/27-02.pdf

Universität Osnabrück, Dezember 2002: Urbane Umweltentwicklung im Kontext einer nachhaltigen Entwicklung, http://www.paedagogik.uni-osnabrueck.de/lehrende/becker

World Health Organisation, Jänner 2003: WHO-Sites - Director-General's Office, http://www.who.int/dg/en

Zentrum für Biosicherheit und Nachhaltigkeit, Jänner 2003: Gentechnisch veränderte krankheits- und schädlingsresistente Nutzpflanzen, http://www.bats.ch/data/german/k11a652.htm